BEI GRIN MACHT SICH IHR
WISSEN BEZAHLT

AF152784

- Wir veröffentlichen Ihre Hausarbeit,
  Bachelor- und Masterarbeit

- Ihr eigenes eBook und Buch -
  weltweit in allen wichtigen Shops

- Verdienen Sie an jedem Verkauf

Jetzt bei www.GRIN.com hochladen
und kostenlos publizieren

Bibliografische Information der Deutschen Nationalbibliothek:

Die Deutsche Bibliothek verzeichnet diese Publikation in der Deutschen National-
bibliografie; detaillierte bibliografische Daten sind im Internet über http://dnb.d-
nb.de/ abrufbar.

Impressum:

Copyright © 2002 GRIN Verlag, Open Publishing GmbH
Druck und Bindung: Books on Demand GmbH, Norderstedt Germany
ISBN: 9783656450429

Dieses Buch bei GRIN:

http://www.grin.com/de/e-book/5568/alkohol-und-schwangerschaft

Andrea Kanzian

Alkohol und Schwangerschaft

GRIN Verlag

GRIN - Your knowledge has value

Der GRIN Verlag publiziert seit 1998 wissenschaftliche Arbeiten von Studenten, Hochschullehrern und anderen Akademikern als eBook und gedrucktes Buch. Die Verlagswebsite www.grin.com ist die ideale Plattform zur Veröffentlichung von Hausarbeiten, Abschlussarbeiten, wissenschaftlichen Aufsätzen, Dissertationen und Fachbüchern.

Besuchen Sie uns im Internet:

http://www.grin.com/

http://www.facebook.com/grincom

http://www.twitter.com/grin_com

Semesterarbeit

Schulhygiene und Arbeitsmedizin

Alkohol und Schwangerschaft

BPA Graz
SS 2002
im April 2002

Andrea Kanzian

Inhaltsverzeichnis

Abbildungsverzeichnis

Einleitung

In der vorliegenden Semesterreflexion werden anhand der von mir verwendeten Literatur die Zusammenhänge der Thematik „**Alkohol und Schwangerschaft**" erläutert. Es wird versucht, detaillierte Literaturangaben im Text sowie im Literaturverzeichnis zu formulieren, um dem an Fragestellungen interessierten Leser gezielt weitere Informationsmöglichkeiten aufzuzeigen. Aufgrund der Komplexität der Thematik wird kein Anspruch auf Vollständigkeit erhoben.

Die Thematik „Alkohol und Schwangerschaft" wurde von mir nicht nur aus Interesse gewählt, sondern die Auseinandersetzung mit der Literatur zu diesem Thema soll vor allem später meine Schülerinnen für dieses Thema sensibilisieren. Leider wissen viel zu wenige über das Fetale Alkoholsyndrom (FAS) bzw. Alkoholembryopathie (AE) Bescheid.

Kapitel 1 befasst sich dem Thema Sucht und Schwangerschaft. Nach einer kurzen historischen Einleitung werden im Kapitel 2 Wirkung, Menge, Diagnose, Folgen und Prävention näher erläutert. Kapitel 3 beschreibt die Thematik Sucht und Schwangerschaft unter dem geschlechtsspezifischen Aspekt. Eine Schlussbemerkung soll diese Arbeit abrunden und schließlich werden im Literaturverzeichnis alle Literaturangaben und im Abbildungsverzeichnis die Abbildungen dargestellt.

1 Sucht und Schwangerschaft

Der Alkohol zählt bei diesen gefährdeten Frauen zum zentralen Bestandteil ihres täglichen Lebens und somit verdrängen sie die möglichen Schädigungen des Embryos durch das fortgesetzte Trinken oder sie verneinen ihre Alkoholsucht.

Jährlich werden z.B. in Deutschland über 2000 Kinder mit einem fetalen Alkoholsyndrom geboren. Noch mehr Kinder sind von Alkoholeffekten wie Entwicklungsverzögerung oder Intelligenzminderung betroffen. Vielen Frauen und Männern ist nicht bewusst, welche erschütternde und tiefgreifende Schäden der Alkoholkonsum bei dem ungeborenen Kind verursachen kann.[1]

---

[1] Vgl. DHS / 1, Seite 1.

Grund für diese Unwissenheit ist u.a. ein Mangel an aufklärender Literatur zu diesem Thema. Ebenso wenig gibt es für alkoholgefährdete Mütter und Frauen Präventionen, d.h. Aufklärungs- und Vorbeugungsmaßnahmen, die von Frauenärzten, Suchtkliniken und ambulanten Behandlungsstellen durchgeführt werden. Zudem fehlt es an adäquate Betreuung von schwangeren Frauen mit Alkoholproblemen. Am fetalem Alkoholsyndrom trägt der Vater des Kindes oft ebensoviel Verantwortung wie die Mutter, denn die gesunde Entwicklung eines Ungeborenen hängt auch von der Beschaffenheit der Samenzellen ab. Ist das befruchtende Spermium durch starken Alkoholkonsum des Vaters deformiert, können beim ungeborenen Kind in vielerlei Hinsicht Defizite entstehen.

Gleich welche Drogen konsumiert werden - illegal oder legal- sie alle können die Entwicklung des Fötus beeinträchtigen oder den Wachstumsvorgang verlangsamen.

Alkohol ist die häufigste bekannte Substanz, die Fehlbildungen in der Schwangerschaft verursacht. Vor 20 Jahren wurde erstmals vermutet, dass Alkoholismus in der Schwangerschaft zu einer spezifischen Kombination von Fehlbildungen, dem sogenannten "fetalen Alkoholsyndrom", führen kann. Die betroffenen Kinder sind sowohl körperlich als auch geistig-intellektuell und in ihrer sozialen Reifung beeinträchtigt. In Deutschland werden jährlich etwa 2000 Kinder mit dieser Kombination von Fehlbildungen geboren, nicht gerechnet die gering ausgeprägten Formen einer Alkoholschädigung, die sich z.B. nur als Konzentrationsstörungen bemerkbar machen.[2]

Alkoholkonsum der Mutter während der Schwangerschaft ist eine häufige Ursache für angeborene Missbildung, für Entwicklungs- und Wachstumsstörungen, so wie für Verhaltensauffälligkeiten beim Kind. Häufig ist schwangeren Frauen der schädigende Einfluss des Alkohols auf das werdende Leben bekannt. Trotzdem nehmen ca. 80% der werdenden Mütter während des Schwangerschaftsverlaufs Alkohol zu sich. Zum einen geschieht dies aus Unkenntnis über das Bestehen einer Schwangerschaft, zum anderen kennen die werdenden Mütter die potentiell schädigende Wirkung, die bereits geringe Alkoholmengen verursachen können, nicht. Zudem wird Alkohol während der Schwangerschaft als besonders angenehm in der Wirkung und wohlschmeckend empfunden.[3]

---

[2] Vgl. DHS / 1, Seite 7

Dies ist ein Widerspruch an dem die meisten Frauen leiden: sie wollen Alkohol zum eigenen Wohl genießen und zugleich wissen, dass er für den Embryo schädlich ist. Dennoch glauben sie, was einem selbst gut tut („Wohl bekommt`s"), muss auch zum Wohle des Kindes sein. Durch Nichtwissen oder Nichtverstehen wird die Trennung vom eigenen Leib und „ Mein- Kind- im- Leib" nicht vollzogen oder nichtverstanden. [4]

Vor allem Frauen, die bereits Kinder haben, neigen in der Schwangerschaft verstärkt zum Alkoholkonsum. Keine andere Substanz schädigt die vorgeburtliche Entwicklung des Kindes so häufig und nachhaltig, wie Alkohol. Ferner ist das Trinken von Alkohol in der Schwangerschaft die häufigste, nicht - genetische Ursache einer geistigen Entwicklungsverzögerung bei Kindern. Seit Jahrhunderten beobachtet und dokumentiert die Wissenschaft die negativen Auswirkungen des mütterlichen Alkoholkonsums auf den Fötus, jedoch erst vor 25 Jahren konnte ein entsprechendes, medizinisches Symptombild definiert werden. Man nannte es Alkoholembryopathie (AE) oder auch fetales Alkoholsyndrom (FAS). [5]

In Deutschland zum Beispiel werden jährlich etwa 2200 Kinder geschätzt, die an einem fetalen Alkoholsyndrom leiden. [6]

Jeder einzelne Fall von Alkoholembryopathie ist eine Tragödie, die verhindert werden kann!

2 Alkohol in der Schwangerschaft

2.1 Historie

Schon in der Bibel wird die schädigende Wirkung des Alkohols auf den Embryo beschrieben: „Und der Engel des Herrn erschien der Frau und sprach zu ihr: Siehe, du bist unfruchtbar und hast keine Kinder, aber du wirst schwanger werden und einen Sohn gebären. So hüte dich nun, Wein oder starkes Getränk zu trinken und Unreines zu essen."

Der Engel erscheint wenig später auch dem Mann:

---

[3] Vgl. M. Zobel, Kap. 2
[4] Vgl. DHS / 3, Seite 332
[5] Vgl. M. Zobel, Kap. 2
[6] Vgl. DHS / 1, Seite 1

„Der Engel des Herrn sprach zu Manoah: Vor allem, was ich der Frau gesagt habe, soll sie sich hüten: sie soll nicht essen, was vom Weinstock kommt und soll keinen Wein oder starkes Getränk trinken und nichts Unreines essen.“[7]

Dass der Alkohol - nicht nur auf den Konsumierenden selbst - sondern auch auf die Nachkommen schädigenden Einfluss hat, ist schon seit langem bekannt. So wurde damals den Brautleuten in Sparta und Karthago verboten, in der Hochzeitsnacht Wein zu trinken, um keine fehlgebildeten Kinder zu bekommen. Zu Beginn des 18. Jahrhunderts wurde während der sogenannten „Gin- Epidemie“ eine Petition, d.h. eine Bittschrift ins englische Parlament eingebracht. Diese forderte eine Kontrolle des damals noch steuerfreien Schnapsbrennens. Die Begründung war u.a.: *„...der Gin ist außerdem Ursache für schwache, einfältige und geistig gestörte Kinder...“*[8]

Aus wissenschaftlicher Sicht wurde das Erscheinungsbild der Alkoholembryopathie erstmals 1899 von einem englischen Gefängnisarzt namens Sullivan benannt. Sullivan stellte bei chronisch alkoholkranken Frauen eine erhöhte Rate an Fehlgeburten und bei den überlebenden Kindern vermehrt Epilepsien fest. Ferner wurde die schädigende Wirkung des Alkohols in der Schwangerschaft auch von anderen Autoren erkannt (Pearson und Elderton 1910). Die Ergebnisse blieben allerdings ungenutzt und gerieten wieder in Vergessenheit.

Etwa 60 Jahre später (*1968*) wurde die AE von einem französischen Arzt namens Lemoine und seinen Mitarbeitern „wiederentdeckt“. Diese Entdeckung blieb der internationalen Öffentlichkeit jedoch vorenthalten. Wenig später kamen zwei amerikanische Forscher Jones und Smith (unabhängig von Lemoine) zu den selben Schlussfolgerungen. Anhand von 11 Kindern beschrieben sie ein bis dahin unbekanntes Dysmorphiesyndrom.

Sie nannten es auf Grund des direkten Zusammenhangs mit dem mütterlichen Alkoholkonsum: fetales Alkoholsyndrom (*FAS*) und machten diese Störung international bekannt. Diese Bekanntmachung löste eine Welle von Forschungsaktivitäten auf diesem Gebiet aus. Es folgten Untersuchungen an größeren Kollektiven in Deutschland, vor allem von Ma-

---

[7] Zit. Bibel: Buch der Richter, 13, 3-4 und 13-14
[8] Vgl. DHS / 3, Seite 303

jewski et al. In den darauffolgenden 12 Jahren gab es laut Streissguth und LaDue (*1987*) nahezu 2000 Artikel zum Thema fetales Alkoholsyndrom bzw. Alkoholembryopathie.[9]

2.2 Wirkung

Kinder im pränatalen Stadium, d.h. vor der Geburt, erfahren den Alkohol in etwa gleich hoher Konzentration, wie die Mütter.[10]

Der aufgenommene Alkohol wird zu 90% in der Leber abgebaut. Dabei entsteht als Stoffwechselprodukt unter anderem Acetaldehyd. Sowohl Alkohol (*genauer gesagt: Äthanol*) als auch Acetaldehyd gelangen ungehindert über die Plazenta (*Mutterkuchen*) zum ungeborene Kind.[11] In mehrfacher Hinsicht wirken Alkohol und Acetaldehyd beim Embryo als toxische Substanzen. Sie führen in der Regel dazu, dass die Kinder bei der Geburt minderwüchsig, untergewichtig und kleinköpfig sind. Ferner hat Alkohol eine teratogene (fruchtschädigende) Wirkung, durch die spezifische Fehlbildungsmuster, insbesondere im Gesicht und an verschiedenen Organen, entstehen können. Die Entwicklung des Gehirns – beim Embryo das größte Organ - beginnt schon im frühen Stadium der Schwangerschaft und endet erst in den letzten Schwangerschaftswochen. Somit ist es während der gesamten Schwangerschaft gegenüber Alkoholeinflüssen verletzlich. In den ersten zwei Schwangerschaftsmonaten stellen die schädigenden Effekte des Alkohols allerdings die höchste Gefahr für den Embryo dar (insbesondere zwischen der 4. und 10. Woche). Dies ist die Zeit der Organentwicklung, Organdifferenzierung und des größten Wachstums. Tierstudien (aus ethischen Gründen können keine Trinkversuche mit schwangeren Frauen durchgeführt werden) haben ergeben, dass die spezifisch verursachte Schädigung nicht nur von der Entwicklungsstufe des Fötus abhängt.

Bedeutsam ist ebenfalls, wie viel Alkohol die werdende Mutter zum gegebenen Zeitpunkt zu sich nimmt. Zum Beispiel kann starker Alkoholkonsum während der 4. Schwangerschaftswoche die Kopfform beeinflussen, die sich zu dieser Zeit heranbildet. Die Nieren, die sich erst in der 6. Woche entwickeln, werden in dieser Phase nicht geschädigt. Episodisches bzw. zeitweises Trinken während der Schwangerschaft kann beim Fötus (je nach Entwicklungsstufe) spezifische Organschäden verursachen. Organische und ver-

---

[9] Vgl. M. Zobel, Kap. 2.1
[10] Vgl. M. Zobel, Kap. 2.2
[11] Http://www.alkoholikerinnen.de/schwange.htm

haltensphysiologische Schädigungen können durch chronisches Trinken hervorgerufen werden.

Overholser (*1990*) unterscheidet 5 kritische Perioden für die negative Wirkung des Alkohols:

- die **Zeit vor der Empfängnis** (Ei und / oder Sperma können durch chronischen Alkoholabusus geschädigt sein)
- die **ersten 3 Wochen nach der Empfängnis** (kritisch für die frühe Entwicklung und den Aufbau des Neuralrohrs)
- die **4. bis 9. Woche** (kritisch für Missbildungen und mentale Retardierungen)
- **10. Woche bis zur Geburt** (kritisch für Größenwachstum und Funktionsausbildungen)
- **Stillzeit** Alkoholgehalt der Muttermilch entspricht der Blutalkoholkonzentration der Mutter)[12]

2.3 Mengen

Bislang ist ungeklärt, ob gelegentlicher Alkoholgenuss in der Schwangerschaft völlig ungefährlich für die Entwicklung des Kindes ist. Das Vorkommen einer spezifischen Kombination von kindlichen Fehlbildungen und Auffälligkeiten, das sogenannte "fetale Alkoholsyndrom" wurde jedoch bisher nur bei alkoholkranken Müttern beschrieben, also bei Frauen, die regelmäßig größere Mengen von Alkohol tranken. Insbesondere das regelmäßige Trinken von Alkohol ist also gefährlich.[13]

Bereits relativ kleine Alkoholmengen (soziales und unauffälliges Trinken) können beim Embryo minimale neurologische Schäden hervorrufen. Eine große europäische Studie hat ergeben, dass schon 120g reiner Alkohol pro Woche einen ungünstigen Effekt auf den Größenwachstum des Embryos hat. Nimmt die Schwangere täglich 29g Alkohol (etwa 1,5 Flaschen Bier) zu sich, verringert sich die Intelligenzleistung des Kindes im Durchschnitt um 7 Punkte (Streissguth et al. 1990). Nicht nur die konsumierte Alkoholmenge, sondern auch das Trinkmuster stellt eine Gefahr für das werdende Leben dar:

---

[12] Vgl. M. Zobel, Kap. 2.2
[13] Http://www.alkoholikerinnen.de/schwange.htm

„Eine Frau, die ein Glas Wein jeden Tag pro Woche trinkt, setzt ihr werdendes Kind einem kleineren Risiko aus, als eine andere Frau, welche 7 Gläser auf einmal trinkt." [14]

Ferner spielen die unterschiedlichen Charakteristika der Mütter bei der Entwicklung des FAS eine Rolle. Mit dem Alter der Frau und der Anzahl früherer Schwangerschaften steigt das Risiko. Eine Frau, die durch chronischen Alkoholkonsum ihre Leber geschädigt hat, baut den Alkohol nur verzögert ab. Somit ist die Wahrscheinlichkeit einer Schädigung des Fötus größer. Trotzdem bringen nicht alle alkoholabhängigen Mütter Kinder mit einer ausgeprägten Schädigung zur Welt, z.b. kam es vor, dass wenig trinkende Mütter schwer geschädigtere Kinder bekamen. Andererseits gibt es exzessiv trinkende Mütter, die kaum oder nur leicht geschädigte Kinder zur Welt brachten. Man führt diese Ereignisse auf die unterschiedlichen Reaktionen des Alkoholkonsums zurück. [15]

Tendenziell steht aber fest, dass exzessives Trinken gefährlicher ist als gelegentliches oder weniger starkes. Grundsätzlich gilt: für den Fötus ist Alkohol kein Genussmittel und **deshalb ist es in jeder Phase der Schwangerschaft für das werdende Kind wichtig, dass Schwangere ihren Alkoholkonsum stark reduzieren - oder besser noch - ganz unterlassen.** [16]

Während der Stillperiode ist „alkoholfrei" ebenfalls der bessere Weg, da der Alkohol in die Muttermilch übergeht. Demzufolge hat die Milch annähernd den gleichen Alkoholgehalt wie Blut und Gewebe der Mutter. Der Säugling kann den Alkohol nur schwer abbauen, die Entwicklung der Organe und die Reifung des Gehirns sind noch nicht abgeschlossen. [17]

2.4 Diagnose

Die Schädigung des Kindes, die durch übermäßigen oder dauerhaften Alkoholkonsum der Mutter während der Schwangerschaft entstehen kann, ist seit längerem bekannt. Erste Beschreibungen dieser Alkoholschäden erfolgten durch die Kinderärzte Lemoine et al. (1968), internationale Beachtung erhielt die Alkoholembryopathie durch die Arbeit von Jones et al. (1973). In Deutschland legten Löser et al. (1985) eine pathogenetische Studie

---

[14] Zit. DHS, Seite 6
[15] Vgl. DHS / 1, Seite 5 und 6
[16] Http://www.alkoholikerinnen.de/schwange.htm.

vor, bei welcher 68 Kinder retro- und prospektiv untersucht wurden. Eine Übersicht der Symptome der Alkoholembryopathie liefert folgende Tabelle:

Veränderung und Kennzeichen bei Alkoholembryopathie (Schweregrad I-III)[18]

	Häufigkeit des Vorkommens
Minderwuchs und Untergewicht (vor- und nachgeburtlich)	88%
Kleinköpfigkeit (Mikrozephalie)	84%
Geistige und statomotorische Entwicklungsverzögerung, zentralnervöse Störungen	89%
Sprachstörungen	80%
Hörstörungen	ca. 20%
Ess- und Schluckstörungen (bei Säuglingen)	ca. 30%
Muskelhypotonie	58%
Hyperaktivität/Verhaltensstörungen	72%
Feinmotorische Dysfunktionen/Koordinationsstörungen	ca. 80%
Krampfanfälle	6%
Emotionale Instabilität	ca. 30%
Gesichtsveränderungen	95%
Herzfehler (meist Scheidewanddefekte)	29%
Genitalfehlbildungen	46%
Nierenfehlbildungen	ca. 10%
Augenfehlbildungen	> 50%
Extremitäten- und Skelettfehlbildungen	
Verkürzung und Beugung des Kleinfingers	51%
Verwachsung von Elle und Speiche (Supinationshemmung)	14%
Hüftluxation	11%
Kleine Zähne	31%
Trichterbrust	12%

---

[17] Vgl. DHS / 2, Seite 3.
[18] Vgl. Jahrbuch Sucht 96, S. 43.

Kielbrust	6%
Gaumenspalte	7%
Skoliose/Wirbelsäulenfehlbildung	5%
Weitere Fehlbildungen	
Steissbeingrübchen	44%
Leistenbruch	12%
Hämangiome	10%

Nachstehende Abbildung zeigt typische Gesichtsmerkmale eines Kleinkindes mit fetalem Alkoholsyndrom:

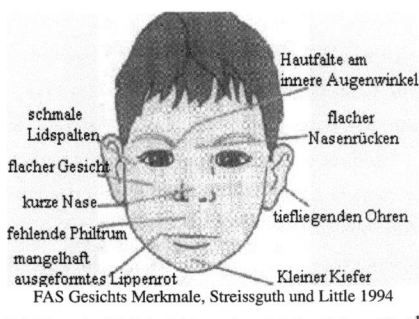

FAS Gesichts Merkmale, Streissguth und Little 1994

Abbildung 1 - FAS Gesichtsmerkmale beim kleinen Kind[19]

Alkohol in der Schwangerschaft ist gemäß Löser (1999) die häufigste Verursachung von Missbildungen bei Kindern (Prävalenz bei Neugeborenen: 1:300). Bei einem täglichen Konsum von 29g Alkohol in der Schwangerschaft wurde eine IQ-Minderung beim Kind von 7 Punkten festgestellt. Die Intelligenzminderung ist nicht reversibel. Das Risiko für eine Suchtentwicklung dieser Kinder liegt bei über 30%. Zu Beginn der Schwangerschaft ist die Gefahr einer Schädigung am größten. Problematisch ist deshalb, wenn die Mütter am Beginn der Schwangerschaft unbedenklich weitertrinken. Diagnostisch sprechen wir heute von einem fetalen Alkoholsyndrom (FAS). Die Inzidenzrate liegt bei zwei bis drei Kindern mit einem FAS pro 1000 Geburten. Dies ergibt für die Schweiz mind. 200 Neugeborene jährlich (SFA, ohne Jahresangabe).

Die diagnostischen Möglichkeiten beim Fetalen Alkoholsyndrom (FAS) sind einge-schränkt: Die schwersten Schädigungen, die in der Regel ein breites Spektrum möglicher Symptome indizieren, treten bei chronischem Trinken der Mutter auf. Schwierig ist jedoch die Zuordnung einzelner Symptome, z.b. einer Gesichtsanomalie oder einer einzelnen Verhaltensauffälligkeit, da hierfür unterschiedliche Ursachen vorliegen können. Schädi-gungen können auch schon bei einmaligem Alkoholkonsum insbesondere in den ersten 16 Schwangerschaftswochen auftreten. Es ist aber ebenso möglich, dass das Symptom spon-tan aufgetreten ist.[20]

Die genannten Auffälligkeiten sind typische Merkmale, bzw. Anzeichen einer Alkoho-lembryopathie. Allerdings treten diese Merkmale nicht bei allen Kindern mit einer AE gleichzeitig auf.

Die Diagnose des FAS entsteht auf Grund einer bestimmten Kombination dieser Auffällig-keiten, zusammen mit dem Alkoholkonsum der Mutter. Trotzdem ist es selbst für erfahrene Ärzte nicht immer einfach das Vorliegen dieser Krankheit festzustellen, da einzelne sol-cher Auffälligkeiten auch bei nicht alkoholgeschädigten Kindern auftreten können. Ferner wird die AE oft auf Anhieb nicht erkannt, weil bei der Geburt deutliche, äußere Missbil-dungen fehlen. Erst im Alter von ca. 5 Monaten, spätestens im 2. Lebensjahr, wird die kli-nische Ausbildung der Symptome sichtbar. Ebenfalls ist die Vorgeschichte der Mutter be-züglich ihres Alkoholkonsums für die Diagnose von Bedeutung. Jedoch die Geheimhal-tung des mütterlichen Alkoholkonsums zu durchdringen ist oft sehr schwierig, da die ge-sellschaftlichen Normen Frauen dazu zwingen, heimlich zu trinken.[21]

---

[19] Http://fasae.freeservers.com/weg3.htm.
[20] Http://www.sfa-ispa.ch/ServicePresse/allemand/Abhangigkeiten/Fetal.htm.
[21] Vgl. M. Zobel, Kap. 2.4.

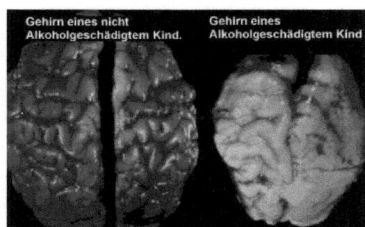

Abbildung 2 - Gehirn eines alkoholgeschädigten Kindes[22]

Links wird das Gehirn eines gesunden Kindes und rechts das Gehirn eines alkoholgeschädigten Kindes gezeigt. Das durch Alkohol geschädigte Kind verstarb im Alter von 6 Wochen.

2.5 Folgen

Kinder mit einer Alkoholembryopathie wachsen häufig nicht bei ihren leiblichen Eltern auf, da viele alkoholkranke Mütter nicht in der Lage sind, ihre Kinder angemessen zu versorgen und zu erziehen. Sie kommen in Heime, Pflegevermittlungsstellen, in Adoptiv- oder Pflegefamilien oder bei anderen Sorgeberechtigten unter. Die Vorgeschichte des Kindes und die damit verbundenen Entwicklungsrisiken werden den Ersatzeltern häufig vorenthalten.[23]

Die Heilung von Kindern mit einem fetalen Alkoholsyndrom ist nicht möglich.[24]

Jedoch haben Nachuntersuchungen alkoholgeschädigter Kinder ergeben, dass mit dem steigenden Lebensalter eine Reihe von Symptomen kompensiert werden. Vor allem äußerliche Auffälligkeiten und Fehlbildungen - insbesondere die Gesichtsauffälligkeiten - stabilisieren sich im Laufe der Entwicklung. Ferner lassen sich verschiedene Fehlbildungen operativ beheben oder lindern. Die niedrige Körpergröße und das Gewicht können sich während des Wachstums leicht ausgleichen - jedoch bleibt ein zu kleiner Kopf zu klein. Ebenfalls gibt es keine Arzneimittel um die bestehende Unterentwicklung rückgängig zu machen. Glücklicherweise ist die Entwicklung vieler Organe bei der Geburt noch nicht abgeschlossen. Dies gilt insbesondere für die Hirnreife. Förderungsmaßnahmen können zum Teil erstaunliche Verbesserungen erzielen, z.B. in der Intelligenz- und Sprachentwick-

---

[22] Http://fasae.freeservers.com/weg3.htm.
[23] Vgl. M. Zobel, Kap. 2.3.

lung. Schwer betroffene Kinder werden jedoch kein normales Niveau erreichen und geistig behindert bleiben. Selbst Kinder mit einem leichten FAS besuchen später häufig keine normalen Schulen.[25]

Das Beispiel einer Längsschnittstudie, an 51 Kindern mit einem FAS, durchgeführt von Löser et al. (1993) soll dies verdeutlichen. Sie ergab, dass die körperliche, geistige und soziale Entwicklung der Kinder im jungen Erwachsenenalter häufig stark unterdurchschnittlich ist. Etwa 30 % der getesteten Jugendlichen (Durchschnittsalter 18 Jahre) wiesen eine gute bis befriedigende körperliche und geistige Entwicklung auf. Sie hatten einen Hauptschulabschluss erreicht und übten eine aktive Freizeitgestaltung aus.

Kinder und Jugendliche mit einer Alkoholembryopathie weisen u.a. Verhaltensauffälligkeiten wie z.b. Ungeschicklichkeit und kurze Konzentrations- und Aufmerksamkeitsspannen auf. Symptome wie leichte Ablenkbarkeit und Hyperaktivität bleiben meist erhalten. Ferner ist ein Hauptproblem der Betroffenen ihre mangelnde soziale Kompetenz. Diese wirkt sich wie folgt aus: Jugendliche mit einer AE haben Probleme, Konsequenzen von Handlungen einzuschätzen. Es fällt ihnen schwer, auf Schwierigkeiten angemessen zu reagieren und Beziehungen zu nichtbehinderten Gleichaltrigen aufzubauen. Des weiteren ist ihr Verhalten häufig eigensinnig und sie treten den sozialen Rückzug an. Trotz der förderlichen Haltung der Umwelt - insbesondere der Adoptiv- und Pflegeeltern - ist die individuelle Leistungsverbesserung des alkoholgeschädigten Kindes und Jugendlichen, sehr gering. Die Mortalität, d.h. die Sterblichkeit bleibt bis ins Erwachsenenalter erhöht (Lemoine & Lemoine 1992).

Entmutigend ist (nach neueren Studien) die weitere Entwicklung von Erwachsenen mit einer AE. 1998 stellt Baer et al. bei Jugendlichen mit einer Alkoholembryopathie einen erhöhten Alkoholkonsum und gehäuft alkoholbedingte Probleme fest. Diese Feststellung der bestehenden Suchtgefährdung wird im selben Jahr von Famy et al. unterstrichen. Sie fanden bei 25 Erwachsenen (Durchschnittsalter 29 Jahre) mit AE oder Alkoholeffekten und einem Intelligenzquotienten von mindestens 70 u.a. Alkohol- und Drogenabhängigkeit (60%), Depressionen (44%), psychotische Störungen (40%) und Persönlichkeitsstörungen (48%).[26]

---

[24] Vgl. DHS / 1, Seite 8.
[25] Vgl. DHS / 2 Seite 3f.
[26] Vgl. M. Zobel, Kap. 2.8.

2.6 Prävention

Obwohl das Problem "Alkoholkonsum in der Schwangerschaft" seit Beginn der 70er Jahre in den medizinischen Wissenschaften thematisiert wird, ist es bis heute kein Gegenstand öffentlicher Diskussionen. Da der empirische Nachweis schwierig zu führen ist, scheuen die meisten Wissenschaftler davor zurück, die Alkoholabstinenz während der Schwangerschaft generell zu empfehlen und beschränken sich auf Aussagen zur Häufigkeit der möglichen Folgen für das Neugeborene bei erhöhtem Alkoholkonsum.

Bei der Entwicklung von Präventionsmaßnahmen zur Verhinderung des Fetalen Alkoholsyndroms sind drei Aspekte zu berücksichtigen: Zum einen muss die Zielgruppe exakt festgelegt werden, denn schwangere Frauen, die schweren Alkoholmissbrauch betreiben oder alkoholabhängig sind, benötigen in der Regel therapeutische Hilfe und müssen anders angesprochen werden als Frauen mit geringerem Alkoholkonsum. Zum anderen muss eine Methode gefunden werden, Frauen möglichst schon vor oder direkt zu Beginn der Schwangerschaft zu erreichen und sie von einem abstinenten Umgang mit Alkohol zu überzeugen. Und drittens müssen Fachpersonen, z.b. Gynäkologen, Kinderärzte, Mütterberater u.a., aufgeklärt und als Mediatoren in die Maßnahmen einbezogen werden.

Zu Beginn der 90er Jahre erschienen in der Schweiz diverse Informationsbroschüren zum Thema "Alkohol und Schwangerschaft". Die detaillierteste Schrift war ein vierseitiges Faltblatt der Schweizerischen Fachstelle für Alkohol- und andere Drogenprobleme (SFA). Dieses für diverse Zielgruppen entwickelte Faltblatt stellt die Fakten ausführlich dar. In den meisten anderen, weniger umfangreichen Broschüren wird ebenfalls sehr viel Wert auf die Überzeugungsarbeit durch Texte gelegt. Allerdings fehlt ihnen der wissenschaftliche Anspruch. Das Blaue Kreuz hat ebenfalls ein Präventionsprojekt durchgeführt, auf das im Folgenden näher eingegangen wird.[27]

---

[27] Http://www.sfa-ispa.ch/ServicePresse/allemand/Abhangigkeiten/Fetal.htm.

3 Sucht und Schwangerschaft – ein frauenspezifisches Problem?

Bis heute konzentriert sich die Forschung fast ausschließlich auf Risiken für den Fötus, die durch mütterliches Alkoholtrinken entstehen können. Dennoch haben viele Studien gezeigt, dass Kinder von männlichen Alkoholikern ebenfalls häufig gestörte, intellektuelle Fähigkeiten aufweisen. Ebenso neigen diese Kinder öfter zur Hyperaktivität als die Kinder nichttrinkender Väter. Adoptionsstudien (welche die oben genannten Befunde stützen) belegen, dass gestörte, kognitive Fähigkeiten und Hyperaktivität nicht nur auf die soziale Umwelt zurückzuführen sind.

Demzufolge liegt nahe, dass das väterliche Trinkverhalten einen Einfluss auf die Entwicklungschancen des Kindes hat – wenn auch nicht direkt über Mutterkuchen und Nabelschnur.

Durchgeführte Tierversuche auf diesem Forschungsgebiet haben ergeben, dass die Nachkommen alkoholisierter männlicher Tiere eine geringere Überlebensfähigkeit haben und bei der Geburt Reifedefizite aufweisen.

Der väterliche Alkoholkonsum wirkt allerdings nicht direkt auf den Fötus ein, er verschlechtert vielmehr die Qualität der Samen. Somit deutet einiges darauf hin, dass stark alkoholtrinkende Väter ihren Nachkommen durch deformierte Samen Schaden zufügen können.

Die entsprechenden Mechanismen wie Dosis- Wirkung- Beziehungen sind zwar bekannt, doch man schweigt darüber und behandelt das fetale Alkoholsyndrom als ein rein frauenspezifisches Problem.

Dabei darf die Rolle und Verantwortung des Mannes nicht außer Acht bleiben: viele Frauen werden in der Schwangerschaft von ihren Männern zum Trinken verleitet. Oftmals wird dies aus der Perspektive der Frau wie folgt geschildert: „Eigentlich trinke ich den Alkohol nur aus Liebe zu meinem Partner!" „Weil er das so will!" „Eigentlich machte ich mir nie viel aus Alkohol!"

Es gibt aber auch Männer, die auf strikte Enthaltsamkeit bestehen, während sie selbst trinken. [28]

Für die Prävention wäre hilfreich, wenn Alkohol in der Schwangerschaft wieder zu einem gesellschaftlichen Tabu werden könnte, ähnlich wie „Alkohol am Steuer" oder „Alkohol am Arbeitsplatz". Ein solches Tabu wäre im Sinne des Kindeswohl leicht medizinisch und rechtlich zu begründen.

Zusammengefasst kann gesagt werden, dass das fetale Alkoholsyndrom nicht nur ein frauenspezifisches Problem ist, sondern vielmehr ein Makel in der Gesellschaft in das alle Männer und Frauen miteinbezogen sind. [29]

---

[28] Vgl. DHS / 1, Seite 7.
[29] Vgl. DHS / 3, Seite 336 und 337.

Schlussbemerkung

Ziel dieser Arbeit war, mich mit dieser Thematik, die ich zugleich spannend und beängstigend empfinde, intensiv auseinander zu setzen.

Auch in der Schule kann diese Thematik nicht totgeschwiegen werden, da in meiner kurzen Lehrerlaufbahn viele Schülerinnen schwanger geworden sind, und die Mädchen sich absolut nicht über die Folgen eines Alkoholkonsums während und nach der Schwangerschaft im Klaren sind. Diese Arbeit steuert sicherlich auch viel Fachwissen in der Präventionsarbeit bei, die in der Schule zu leisten ist.

Literaturverzeichnis

Bibel: Buch der Richter, 13, 3-4 und 13-14

Deutsche Hauptstelle gegen Suchtgefahren (Hrsg.): DHS/1, Alkohol schadet Babys.

Deutsche Hauptstelle gegen Suchtgefahren (Hrsg.): Frauen und Sucht – Alkohol und Schwangerschaft.

Deutsche Hauptstelle gegen Suchtgefahren (Hrsg.): DHS/3, Zeitschrift für Wissenschaft und Praxis".

Deutsche Hauptstelle gegen Suchtgefahren (Hrsg.): DHS/2

Majewski, Frank (Hrsg.): Die Alkoholembryopathie.

Raab, Hans-Jürgen: Jahrbuch der Sucht 1996, Oktober 1997.

Zobel, Martin (Hrsg.): Kinder aus alkoholbelasteten Familien – Entwicklungsrisiken und Chancen.

Internetadressen:

http://www.alkoholikerinnen.de/schwange.htm [24.3.2002]

http://www.suchthilfe-werne.de/ [24.3.2002]

http://www.sfa-ispa.ch/ServicePresse/allemand/Abhangigkeiten/Fetal.htm [24.3.2002]

Sachindex